BEI GRIN MACHT SICH IHR WISSEN BEZAHLT

- Wir veröffentlichen Ihre Hausarbeit, Bachelor- und Masterarbeit

- Ihr eigenes eBook und Buch - weltweit in allen wichtigen Shops

- Verdienen Sie an jedem Verkauf

Jetzt bei www.GRIN.com hochladen und kostenlos publizieren

Bibliografische Information der Deutschen Nationalbibliothek:

Die Deutsche Bibliothek verzeichnet diese Publikation in der Deutschen Nationalbibliografie; detaillierte bibliografische Daten sind im Internet über http://dnb.d-nb.de/ abrufbar.

Dieses Werk sowie alle darin enthaltenen einzelnen Beiträge und Abbildungen sind urheberrechtlich geschützt. Jede Verwertung, die nicht ausdrücklich vom Urheberrechtsschutz zugelassen ist, bedarf der vorherigen Zustimmung des Verlages. Das gilt insbesondere für Vervielfältigungen, Bearbeitungen, Übersetzungen, Mikroverfilmungen, Auswertungen durch Datenbanken und für die Einspeicherung und Verarbeitung in elektronische Systeme. Alle Rechte, auch die des auszugsweisen Nachdrucks, der fotomechanischen Wiedergabe (einschließlich Mikrokopie) sowie der Auswertung durch Datenbanken oder ähnliche Einrichtungen, vorbehalten.

Impressum:

Copyright © 2016 GRIN Verlag, Open Publishing GmbH
Druck und Bindung: Books on Demand GmbH, Norderstedt Germany
ISBN: 9783668429758

Dieses Buch bei GRIN:

http://www.grin.com/de/e-book/357324/stoffe-durch-fluessige-extraktion-abtrennen-unterweisung-chemikant-in

Daniel Steffen

Stoffe durch Flüssige Extraktion abtrennen (Unterweisung Chemikant / -in)

GRIN Verlag

GRIN - Your knowledge has value

Der GRIN Verlag publiziert seit 1998 wissenschaftliche Arbeiten von Studenten, Hochschullehrern und anderen Akademikern als eBook und gedrucktes Buch. Die Verlagswebsite www.grin.com ist die ideale Plattform zur Veröffentlichung von Hausarbeiten, Abschlussarbeiten, wissenschaftlichen Aufsätzen, Dissertationen und Fachbüchern.

Besuchen Sie uns im Internet:

http://www.grin.com/

http://www.facebook.com/grincom

http://www.twitter.com/grin_com

Entwurf für die Unterweisung Schwerpunkt Chemikanten

Stoffe durch Flüssige Extraktion abtrennen

Schwerpunkt: Chemie

Schriftliche Ausarbeitung zur praktischen Prüfung im Teil IV (AEVO) der Meisterprüfung

Unterweisungsprobe

Thema:..............................Stoffe durch Flüssige Extraktion abtrennen

Eingereicht von:.....................

Ausbildungsberuf:...............Chemikant

Datum der
schriftlichen Prüfung:............

Datum der
Unterweisung:.....................

Inhaltsverzeichnis

1.Persönliche Angaben

1.1 Persönliche Angaben des Auszubildenden

Name:........................
Vorname:....................
Alter:...........................
Schulbildung:.............

Ausbildungsberuf:......Chemikanten
Ausbildungsjahr:........2. Lehrjahr

1.2 Soziologische Situation des Auszubildenden:

XX ist XX Jahre befindet sich im X. Ausbildungsjahr.
Er ist wohnhaft bei seinen Eltern in der Innenstadt von XX. Seine Mutter ist in einem großen Industrieunternehmen tätig und sein Vater ist Mechaniker. XX. ist immer freundlich und sehr zuvorkommend anderen Mitarbeitern und Kunden gegenüber

XX hat eine sehr gute Auffassungsgabe und bemüht sich, die Tätigkeiten gewissenhaft auszuführen und versucht kleinere Arbeiten eigenständig durchzuführen.

In den praktischen Übungen hat sich gezeigt, dass XX durch Vormachen und Erklären die einzelnen Zusammenhänge besser versteht und erkennt, um sie anschließend in der Praxis umsetzen zu können.

Aus diesem Grund habe ich die **Vier-Stufen-Methode gewählt**, um einen größtmöglichen Lernerfolg bei ihm zu erzielen.

XX wurde bereits im Thema Extrahieren im Betrieb unterwiesen und besitzt dadurch theoretische und auch einige Praktische Vorkenntnisse.

1.3 Entwicklungsstufe des Auszubildenden

XX Ist sehr aufgeschlossen gegenüber anderen Auszubildenden und dem Ausbilder. Er ist groß und hat eine kräftige Statur. Nach außen wirkt XX immer etwas gelassen und ist eher ruhig.

1.4 Ausbildungssituation des Auszubildenden:

XX führt die ihm gestellten Aufgaben zuverlässig und mit sehr viel Konzentration sauber und motiviert aus.

1.5 Bedeutung für den Beruf

Die Extraktion ist ein sehr wichtiges Verfahren da dieses in der Industrie häufig angewendet wird. Das Verfahren dient zur Aufarbeitung von chemischen Stoffen / Substanzen und wird auch zur Aufarbeitung von Abwässern genutzt. Wichtig ist hierbei vor allem, dass sich der Extrakt im Extraktionsmittel lösen muss. Das Extrationsmittel darf nicht in der Extraktionslösung löslich sein, da sonst keine Phasentrennung stattfindet.

In der Verordnung der Berufsausbildung zum Chemikanten/zur Chemikantin sind diese Punkte unter §4 Absatz 2 Abschnitt II zu ersehen. (Stoffe aus Gemischen durch Flüssig-Extraktion abtrennen.

1.6 Ort und der Zeitpunkt

Damit dem Auszubildenden die Nervosität genommen wird und es sehr praxisnah ist, findet die Unterweisung in der Werkstatt statt. Mittwochmorgen gegen 09:00Uhr erfolgt die Unterweisung. Es ist medizinisch erwiesen zu diesem Zeitpunkt die Leistungsfähigkeit am höchsten ist.

Für diese Unterweisung habe ich mich für die Vier-Stufen-Methode entschieden da diese Methode sich in fast jedem Fall praxisnah anwenden lässt und die logische denkfolge des Menschen berücksichtigt.

Andere Methoden wie die Leittextmethode können den Auszubildenden überfordern Des Weiteren ist die Sechs-Stufen-Methode sehr zeitintensiv und kann daher nicht im Rahmen von Kundenarbeit etc. angewendet werden.

Für eine Unterweisung gibt es laut Handwerker Fibel vier Methoden:

- Drei-Stufen-Methode
- **Vier-Stufen-Methode**
- Sech-Stufen-Methode
- Leittextmethode

2.Didaktische Analyse

2.1 Methoden

Vier-Stufen-Methode:

1. Stufe: Vorbereitung und Motivieren des Auszubildenden
- Begrüßung durch den Ausbilder
- Vorstellen der Person
- Bekanntgabe des Unterweisungsthemas und des Zieles
- Wissenstand ermitteln z.B. UVV

ca. 2 min

2. Stufe: Vormachen und Erklären durch den Ausbilder
- Handhabung für die Annahme vom Paket
- Durchzuführende Arbeiten erläutern

ca. 4 min

3. Stufe: Nachmachen und Erklären lassen durch den Auszubildenden
- Selbstständiges Vormachen

ca. 6 min

4. Stufe: Üben und Festigen des Gelernten
- Im Anschluss der Unterweisung eigenständiges Arbeiten
- Auswertung durch den Ausbilder und Verteilen

ca. 7 min

Für das Lehren von einfachen Fertigkeiten in der Handhabung ist das Vorgehen der einzelnen Arbeitsschritte sehr vorteilhaft.

In den einzelnen Teilschritten z.B. die Abdeckung der Verkleidung bekommt der Auszubildende diese genau von dem Ausbilder begründet. (Was?, Wie?, Warum?)
Das anschließende Üben veranlasst einen nachhaltigen Lernerfolg und der Auszubildende wird zusätzlich motiviert

Durch die Vier-Stufen-Methode wird in kürzester Zeit viel Inhalt vermittelt.

2.2 Zielklarheit

Voraussetzung für die Unterweisung ist die Zielklarheit, die durch eine klare und konkrete Formulierung der Lernziele erreicht werden kann. Nach der durchgeführten Unterweisung, soll der Auszubildende in der Lage sein, Stoffe aus Gemischen mittels einer Extraktion zu trennen.

2.2.1 Richtziele (Makroziel):

Erlernen von Kenntnissen und Fähigkeiten aus dem Ausbildungsberuf des Chemikanten.

2.2.2 Groblernziel:

Der Auszubildende erlangt Kenntnisse und Fähigkeiten im Bereich:
Wie er unter Einhaltung von UVV sowie Qualitätsmerkmalen das Extrahieren richtig durchführt.

2.2.3 Feinlernziel (Microziel):

Hierbei werden dem Auszubildenden spezielle Kenntnisse vermittelt, um diese bei Störungen, Mängeln sowie Fehler zu erkennen.

2.2.4 Operationalisiertes Lernziel:

Nach dieser Unterweisung ist der Auszubildende XX in der Lage, fachgerecht, fehlerfrei und selbstständig Stoffe voneinander zu trennen und unter der Berücksichtigung der UVV Vorschriften durchzuführen.
Für den Auszubildenden XX sind diese Fertigkeiten und Kenntnisse die hierbei erlangt werden sehr wichtig, damit er selbstständig und mit ein gewissen Maß Eigenverantwortung arbeiten kann. Dieses trägt einem großen Teil an Motivation und Eigenständigkeit bei.

2.3 Lernzielbereiche: Kognitive Lernziele, Psychomotorische Lernziele, Affektive Lernziele

2.3.1 Kognitive Lernziele:

Bei diesem Lernziel soll der Auszubildende das vorgehen beschreiben können. Einige Fehler die hierbei auftreten können sowie die Unfallverhütungsvorschriften UVV Maßnahmen soll der Auszubildende nennen und aufsagen.

Der Auszubildende Peter M.
- kann beschreiben wie er die Arbeit eigenständig durchführt

2.3.2 Psychomotorische Lernziele:

Lernziel ist es, dass der Auszubildende anhand der angeeigneten Kenntnisse sicher das trennen von Stoffen durchführen kann.

2.3.3 Affektive Lernziele:

Arbeitshinweise sowie die Vorschriften beim Trennen von Stoffen muss Peter M. beherrschen, um Fehler zu erkennen. Neben den fachlichen Vorschriften muss die entsprechende Sicherheitsvorschrift (UVV) beachtet werden.

Der Auszubildende Dieter M.
- ist bereit sorgfältig sowie gewissenhaft die Arbeit abzuschließen
- ist bereit die Sicherheitsvorschriften (UVV) zu beachten

2.3.4 Fasslichkeit:

Es muss für die Auszubildenden die Anforderungen so gewählt werden, dass er sich nicht Über oder Unterfordert fühlt. Dieses kann schnell zu Misserfolgen und Langweile führen. Bei der Durchführung wird die Extraktion des Farbstoffs aus dem Öl erst langsam vorgeführt damit der Auszubildende diese genau beobachten kann und ggf. fragen stellen kann.

2.3.5 Erfolgssicherung der Unterweisung:

Durch ständiges Wiederholen der Übung wird dieses gefestigt, damit XX in der Lage ist dieses Verfahren in praktischen Situationen anzuwenden.

2.3.6 Sicherung des Lernerfolges

Damit der Lernerfolg getestet werden kann, wird dieser über einen kurzen Test abgefragt und der Lernstoff noch einmal gefestigt.

2.4 Einsatz von Ausbildungsmedien und Unterweisungsmedien

2.4.1 Arbeitsmaterialien und Arbeitswerkzeuge

Folgende Arbeitsmaterialien und Arbeitswerkzeuge werden benötigt:

- Schulungs-Räumlichkeit
- gut beleuchteter Arbeitstisch
- Schneidetrichter
- Destilliertes Wasser
- Bindemittel
- Schutzhandschuhe, Handbesen, Abfalleimer
- Kanister für Abgälle
- Laborstativ
- Mit Farbe verunreinigtes Pflanzenöl
- Schutzbrille (UVV)
- Handschuhe (UVV)
- Augenspülflasche (UVV)
- Verbandskasten (UVV)
- Arbeitskleidung

2.4.2 Eingesetzte Unterweisungsmedien

- Modell
- Beamer
- Papier
- Stifte
- PC

3. Praktische Durchführung der Unterweisung nach der Vier-Stufen-Methde

3.1 Stufe 1: Vorbereitung und Motivation des Auszubildenden

Zu Beginn der Unterweisung begrüßt der Prüfer nonverbal (Sprache) sowie Verbal (Berührung) den Auszubildenden freundlich. Nachdem der Kontakt zwischen Ausbilder sowie Auszubildenden hergestellt ist, teilt der Ausbilder dem Auszubildenden ein Praxisbeispiel mit.

Der Ausbilder fragt den Auszubildenden nach möglichen Ursachen, die vorliegen können. Der Ausbilder erklärt dem Auszubildenden im Vorfeld wichtige Grundlagen des Unfallschutzes und der Arbeitssicherheit, die während der Arbeit auftreten können. Bevor die Unterweisung beginnt, werden alle benötigten Utensilien ordentlich, übersichtlich und dachgerecht aufgebaut. Als Vorbereitung befindet sich in einem Scheidetrichter Farbe mit verunreinigten Pflanzenöl.

Nachdem alles geschehen ist, fragt der Ausbilder nach bereits vorhandenem Wissen in diesem Bereich.

3.2 Stufe 2: Vormachen und Erklären durch den Ausbilder

Der Ausbilder führt dem Auszubildenden einzelne Arbeitsschritte langsam vor.

Vorgangstabelle:

Nr.	Was	Wie	Warum	Wer	Lernbereich
1	**Begrüßung**	**Um angenehme Lernatmosphäre zu schaffen**	**Ängste zu nehmen**	**Ausbilder**	-
2	**Nennung der Aufgabe / Lernziel**	**Freundliches Gespräch**	**Interesse vom Azubi wecken**	**Ausbilder**	
3	**Fragen nach Vorkenntnissen**	**Freundliches Gespräch**	**Damit Vorkenntnisse berücksichtigt werden können**	**Ausbilder**	
4	**Beurteilung von Beispielbildern**	**Bilder von falschen Arbeitsschritten begutachten**	**Urteilungsvermögen vom Azubi prüfen**	**Azubi**	**Kognitiv**
5	**Vorzeigen und Erklären der Arbeitsmittel**	**Alle Arbeitsmittel die benötigt werden aufzeigen**	**Bewusstsein für die Arbeitsmittel zu schaffen**	**Ausbilder**	**Affektiv**
6	**Vorbeiteten der Arbeitsmittel**	**Sinnvolles Zurechtlegen von Arbeitsmittel**	**Für optimalen Arbeitsbeginn**	**Ausbilder**	**Affektiv**
7	**Abfüllen von dem Extraktionsmittel**	**Das Extraktionsmittel wird aus einem Gefäß umgefüllt**	**Das Mittel wir benötigt um die Extraktion durchzuführen**		
9	**Einfüllen (Extraktionsmittel -> Extraktionslösung)**	**Das Extraktionsmitte wird über eine Stopfen in die Extraktionslösung eingefüllt**	**Dieses geschieht, damit eine Extraktion stattfinden kann.**		
11	**Schneidetrichter Verschließen und anschließen Schütteln**	**Verschließen durch ein Stopfen und anschließend schütteln**	**Zur Vermischung**		
12	**Abwarten der einzelnen Phasen**	**Scheidetrichter einspannen**	**Phasentrennung findet statt.**		
13	**Abtrennung unteren Phasen**	**Durch das öffnen vom Bodenventil**			
14	**Fragestellung an den Auszubildenden**	**Gespräch**	**Um zu überprüfen ob das Wissen verstanden wurde.**		

3.3 Stufe 3: Nachmachen und erklären lassen:

Der Auszubildende führt die Extraktion selbstständig durch und erklärt dem Ausbilder die entsprechenden Arbeitsschritte. Der Ausbilder beobachtet hierbei die Tätigkeit des Auszubildenden und steht bei Problemen und Fragen helfend zur Seite. Dem Auszubildenden sollte in dieser Stufe genügend Zeit eingeräumt werden, so dass er das gerade eben erlernte auch wieder gedanklich hervorrufen kann. Der Ausbilder sollte auch dem Auszubildenden die Gelegenheit geben eventuelle Fehler selber zu erkennen und zu berichtigen.

Bei einem Eingreifen in die Übungsphase, ob aus Sicherheitsgründen oder nicht erkannten Fehlerursachen des Auszubildenden, muss darauf geachtet werden den Auszubildenden nicht zu verunsichern.

3.4 Stufe 4: Üben und Festigen des Gelernten

Dem Auszubildenden wird in dieser Stufe Zeit gegeben, die einzeln durchgeführten Arbeitsschritte nochmals zu üben und zu festigen. Der Ausbilder befindet sich in der Nähe. Sollten Fragen oder Probleme auftreten steht er hilfreich zur Seite.

Erfolgskontrollen

Bevor ich den Auszubildende zum eigenständigen Üben, von der Unterweisung entlasse, frühe ich eine Erfolgskontrolle durch. Diese ist sehr wichtig um festzustellen zu können, ob der Auszubildende auch wirklich alles richtig verstanden hat. Vor allem erfrage ich nach den UVV (Schutzhandschuhe und Schutzbrille) so kann ich erkennen ob er ihre Notwendigkeit verstanden hat.

Abschlussphase

In der Abschlussphase erfolgt ein Ausblick auf die nächste Unterweisung, um weitere Motivation für zukünftige Ausbildungsunterweisungen zu schaffen und Entwicklungsmöglichkeiten aufzuzeigen. Schließlich bedankt sich der Ausbilder für die die Mitarbeit, verabschiedet sich freundlich und beendet die Unterweisung.

BEI GRIN MACHT SICH IHR WISSEN BEZAHLT

- Wir veröffentlichen Ihre Hausarbeit, Bachelor- und Masterarbeit

- Ihr eigenes eBook und Buch - weltweit in allen wichtigen Shops

- Verdienen Sie an jedem Verkauf

Jetzt bei www.GRIN.com hochladen und kostenlos publizieren